絵でみる
古代ローマの地下水路

紀元前に、地中海世界の全域を支配していた古代ローマでは、
上下水道が非常に発達。現在でもつかわれているほど、
完成度の高いものでした。

古代ローマの公衆浴場には温水プールのような巨大な浴そうがあり、市民の社交場となっていた。
➡14ページ

アーチ状のかたちをした下水道も地下にしかれていた。
➡18ページ

噴水や水のみ場。

水を運ぶ水道橋。橋の上部に水道がとおっていて水が流れている。➡15ページ

水道の終点には噴水がつくられた。➡15ページ

まちのあちこちに公衆トイレがあった。➡18ページ

古代ローマの人びと
さがしてみてね！

はじめに

　みなさんは「地下」について考えてみたことがありますか？地下鉄、地下街、百貨店の地階やビルの地下室、地下駐車場などが思いうかぶでしょう。トンネルを思いつくかもしれません。
　では、道路の下にはなにがうまっているのか、イメージできるでしょうか？　道路工事で地下をほっているのをみたことはあるけれど、地下がどのようになっているのかはわからないでしょう。まして深い地下がどのようになっているかは想像もつかないでしょう。

　人口が都市部に密集し、国土もせまい日本では、地下がじょうずにつかわれています。地下鉄やトンネルだけでなく、水をためるための地下施設や廃棄施設が全国にあります。地下美術館、地下図書館、地下発電所、地下工場などさまざまな利用法がみられます。核シェルターというのもあります。

　このシリーズでは、大きな写真や図版など、ビジュアルを中心に、おもしろく地下を「解剖」し、4巻にわけて、地下のひみつにせまっていきます。みなさんがふだん気づかない地下の利用方法や、知っていると役に立つ地下のひみつ、さまざまな地下の活用法など、いろいろな面から「地下のひみつ」にせまります。

❶ 人類の地下活用の歴史
❷ 上下水道・電気・ガス・通信網
❸ 街に広がる地下の世界
❹ 未来の地下世界

もくじ

巻頭 　絵でみる　**古代ローマの地下水路** ……… 1

1 　人類最初の住まいは地下！？ ……… 8

2 　「カナート（地下水路）」って何？ ……… 10

3 　紀元前には、すでに地下都市ができていた！ ……… 12

4 　古代ローマには水道もあった！ ……… 14

これはびっくり！ 　世界各地の地下のすまい ……… 16

5 　下水道もあった古代都市 ……… 18

これはびっくり！ 　下水道のはじまり ……… 19

6 　地下の巨大迷宮、カタコンベとは？ ……… 20

7 　下水道がふたたび注目されたのは？ ……… 22

これはびっくり！ 　いまものこる日本の歴史的下水道 ……… 24

8 　道路の下をとおる運河用トンネル ……… 26

これはびっくり！ 　世界最古のまぼろしの地下トンネル ……… 27

9 　世界初の地下鉄は、イギリス・ロンドン ……… 28

これはびっくり！ 　地下の資源をほるトンネル ……… 30

　さくいん ……… 32

この本のつかい方

- ●1〜9までのテーマ
- ●赤字は年代をしめす
- ●関連するもう少しくわしい情報
- ●ページ内に出てくる地名をしめす世界地図
- ●大きなめずらしい写真がいっぱい
- ●正確な図解

フランスのラスコーどうくつ
どうくつの奥深く、人が入ってこられないようなかべにかかれた絵は、いまから約1万5000年前の旧石器時代後期にかかれたといわれている。さいしょはどうくつの入口付近が住居として利用されていたが、だんだんとどうくつの奥のほうも利用されるようになったと考えられている。提供：ユニフォトプレス

1 人類最初の住まいは地下！？

かつて人類は、どうくつのなかに住んで雨や風をしのいでいました。やがて地面にあなをほり、柱を立ててその上に屋根をのせた半地下式のたてあな式住居をつくりました。

原始時代の横あな式住居

原始時代、人類は、岩山にあいたどうくつや岩かげを住まいにしていました。そうした住居を横あな式住居といいます。

ひざしをさえぎることができるので、暑さをかなりしのげます。どうくつ内は温度の変化が少ないため、外にいるよりすごしやすくなります。反対に、あつい土のかべが寒気をさえぎり、寒さもふせぐことができます。

イタリアのマテーラの横あな式住居

マテーラのどうくつに人が住むようになったのは、数万年前の旧石器時代からだと考えられている。それから19世紀はじめごろまで、自然のどうくつをくりぬいてくらしてきた。いつしかそこはまちになった。人がいなくなった時期もあったが、近年ふたたび住居やホテル、レストランなどとして利用されている。

マテーラの横あな式住居の内部。

提供：土木図書館（撮影：伊藤清忠）

新石器時代のたてあな式住居

たてあな式住居とは、地面をほりさげて床の部分を地表面より低くした半地下式の住居のことです。中石器時代から新石器時代に世界各地でこうした家がつくられるようになったと考えられています。

たてあなは、深くほるとそこの温度が一定になり、一年を通じて安定した生活ができます。一定の温度は、食べものの保存にも適しています。

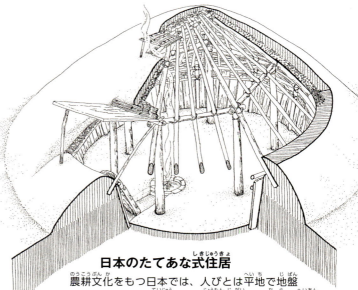

日本のたてあな式住居

農耕文化をもつ日本では、人びとは平地で地盤のやわらかいところに定住した。縄文時代から奈良・平安時代までは、たてあな式住居が多くみられた。それらの住居あとから、地面から数十cm～1mほどほりさげたところに床面があったことがわかっている。提供：岩手県一戸町御所野縄文博物館

まめちしき　日本のどうくつ住居あと

富山県氷見市大境地区にある「大境洞窟住居跡」は、日本ではじめて発掘調査されたどうくつ遺跡です。灘浦海岸に面した、奥行き35m、入口の幅16m、高さ8mのどうくつは、いまから約7000年前の縄文時代から安土桃山時代にかけて、人が住むなど、なんらかのかたちで利用されていた形跡がのこっています。

現在は白山社という神社の横にあり、なかには小さなお宮が建てられている。提供：富山県氷見市観光協会

2 「カナート（地下水路）」って何？

乾燥地域にみられる地下水路を「カナート」といいます。水不足の解決策として、いまから約2500年前にはすでに古代ペルシャ（現在のイラン）でつかわれていました。

古代ペルシャのカナート

水道の起源ともいわれているカナートは、地下水から水を引いてくる地下水路のことです。大きさは人がかがんで歩けるくらい。ペルシャのカナートは長いもので数十kmにも達していました。たてあなの深さは数十m、深いものでは300mに達するものもあります。おなじようなしくみは世界各地にみられ、アフガニスタンやパキスタンでは「カレーズ」、モロッコでは「フォガラ」、アラビアでは「ファラジ」、中国では「坎児井」とよばれています。

砂漠地域の貴重な水源

カナートは、現在でもオアシスや灌漑農業の水源としてたいせつな役割をはたしています。2014年5月、カナートが「イランで3000年近く存続する古代の農場をうるおす灌漑システム」として世界農業遺産＊に登録されました。

＊2002年、世界首脳会議でFAO（国際連合食糧農業機関）が立ちあげたプロジェクト。世界的に重要な伝統農業や古代農法を保護していこうというもの。

カナートのほり方

① 水がありそうな場所にたてあなをほり、地中から水がしみでる深さをはかる。
② 想定する出口よりも高い位置で水が出るまで場所をかえて、たてあなをほりつづける。
③ ほりあてられた井戸は、母井戸とよばれる。
④ 出口と母井戸が定まったら、出口から母井戸に向けて一定のかんかくでたてあなをほりながら、地下を横あなでつないでいく。

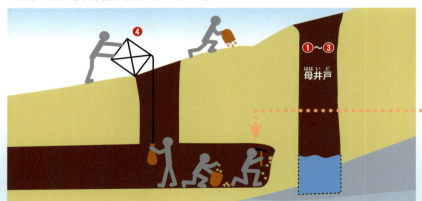

カナートの断面は1m²以下。このようなせまいトンネルをほるには、座椅子にあおむけによりかかって、スコップをつかう方法もとられていた。

イラン地域の現代のカナートの横断面図

水路には少しかたむきをつけ、水源からまちにむかって水が流れやすいようにした。

モロッコのフォガラ

つらなる盛土の下が水路になっている。たてあなは、ほったときに出る土などを外に出す役割にくわえ、換気をおこなう役割もはたす。水路内のそうじや修理、点検のための通路にもなる。
提供：土木図書館（撮影：伊藤清忠）

カナートの地下のようす（左）と水の出口。提供：国連環境計画国際環境技術センター

まめちしき　どうやって地下をほった？

大むかし、トンネル掘削は、ハンマーとくさびをつかい、人の手でおこなわれました。かたい岩があらわれると、その岩をたき火で熱し、冷水で急冷。ヒビを入れてくだきました。また、空気あなの下で布きれをふって、換気をおこないながらの作業でした。こうしたトンネルほりの方法は19世紀後半の産業革命前までつづきました。トンネル工事は多くの労力と、とうとい人命の犠牲の上になりたっていました。

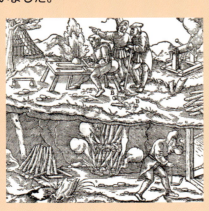

ドイツの鉱山学者ゲオルク・アグリコラがかいた鉱山書にそえられた版画。16世紀ころのトンネル掘削のようすがえがかれている。提供：ユニフォトプレス

まめちしき　日本のカナート「マンボ」

日本にも「マンボ（間歩、万歩）」とよばれるカナートとおなじような方法でつくられた地下水路があります。水不足を解消するため、江戸時代後期から昭和初期まで、各地でさかんにつくられました。とくに本州中央部の東海・近畿・北陸などに多くつくられました。日本でいちばん多い地域は、三重県の鈴鹿山脈の東側のふもとです。

三重県いなべ市にある「片樋マンボ」。1770年ころに建設がはじまり、総延長が約1km、灌漑面積が約7ha。長さや灌漑面積で日本一だといわれている。提供：三重県いなべ市観光協会

3 紀元前には、すでに地下都市ができていた！

現在のトルコにもイタリアのマテーラ（→P9）のようなどうくつ住居がつくられ、いまから2400年以上前に人びとが地下に住みはじめたと考えられています。

やわらかな岩山

トルコの首都アンカラの南東にあるカッパドキア地方では、約6000万年前の大噴火によって、火山灰や溶岩が何層にもつみかさなり、台地がつくられました。岩質がやわらかくて掘削しやすく、人びとは岩山をほって、あなのなかにくらしていました。

「ウチヒサール」と名づけられた城塞
ウチヒサールとは、トルコ語で3つの要塞という意味。カッパドキア地方でもっとも高い位置にある村の名前となっている。
提供：トルコ共和国大使館・文化広報参事官室

地下のかくれ家

4世紀ころ、カッパドキアには、ローマ帝国の弾圧をのがれたキリスト教徒たちが移りすむようになりました。かれらは岩山をほりぬき、住居や教会をつくりました。岩山にほるところがなくなると、かれらは地下にほりすすみました。8世紀ころにはイスラム勢力からかくれるために、地下のかくれ家はどんどん拡大され、地下都市がつくられていきました。

地下都市の内部
各階は階段や傾斜した通路でつながれている。敵に侵入されてもにげやすくするため、通路はせまく、迷路のようになっている。現在この地下都市は、新たに地表付近をほって野菜貯蔵庫、ホテル、レストランなどとして活用されている。

地下都市の想像図

カッパドキア地方には、36もの地下都市が発見されている。それらのなかでも巨大なものが、地下8階、深さ65mにおよぶ「カイマクル地下都市」。家畜部屋、ワイン製造所や食堂、穀物貯蔵室、学校、教会などさまざまな機能をそなえた部屋がある。

図の★は、換気シャフトとしての役割のほか、井戸としても利用されていた。

4 古代ローマには水道もあった！

世界ではじめて水道ができたのは、いまから約2300年前の古代ローマでした。それは「ローマ水道」とよばれ、いまもその一部がつかわれています。

1日に100万m³!

古代ローマでは、近くの山の水源地から都市や工場地に水を引く水道がありました。数百年をかけて建設された水道は、合計11本。水源地からローマまでの水道の長さは、平均で45.6km、最大で91km。この11本の水道は、1日あたり約100万m³の水を運んでいたと考えられています。

そうした水道のうち都市ローマ内で地上にあるのは47kmで、そのほかは地下を流れていました。地下に水道を引くことで、地上を有効につかえ、また、敵の攻撃から水を守ることもできました。

イギリスのバースにのこる古代ローマ式の公衆浴場。

古代ローマの公衆浴場
古代ローマが水道施設をととのえた目的のひとつは、公衆浴場用の水を確保することだった。

まめちしき　公衆浴場

古代ローマの公衆浴場は、「バルネア」または「テルマエ」とよばれ、日本でいう温泉というよりは、フィットネスクラブやスポーツクラブのような施設でした。トレーニングジムでひとあせ流したあと、マッサージルームでからだをほぐし、サウナでからだをきれいにし、最後はプールでひと泳ぎする、といったコース。このあと、遊戯室や談話室で友人とおしゃべりしたり、ゲームで遊んだりして、おなかがすいたら食堂で食事。なお、ローマのまちには、噴水が多くあり、都市でつかう量の40%の水は風呂や噴水、トイレなどの公共施設でつかわれていたともいわれています。

一大テーマパークのような公衆浴場だったカラカラ浴場のあと。

ヴィルゴ水道

ローマ水道のひとつであるヴィルゴ水道は、ローマ帝国の滅亡とともにつかわれなくなりましたが、そのおよそ1000年後に再建され、現在でもローマじゅうの噴水に水を供給しています。もともとは、公衆浴場に水を供給するためのもの。水源からローマまでのきょりは約20kmで、高低差は4mです。

トレヴィの泉の近くにあるヴィルゴ水道の出口。ⓒLalupa

ヴィルゴ水道とトレヴィの泉

現在のヴィルゴ水道の終点には多くの観光客がおとずれる有名な噴水トレヴィの泉がある。古代ローマ時代にも、水道の終点にはかならず、ごうかな装飾をした噴水がつくられた。

ローマ水道のしくみ

都市から少しはなれた湖や川の上流から、市内まで水を引いてくるようにしたのが水道のはじまり。スムーズに水を流すために、地面の高低差を利用した。

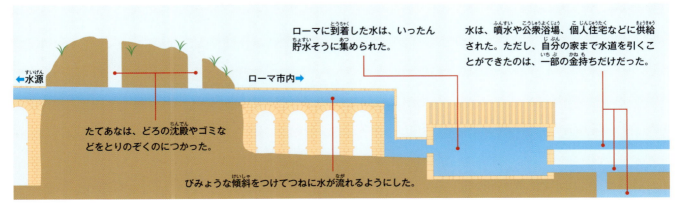

世界各地の地下のすまい

世界には、いまでもどうくつや地下でくらしている人たちがいます。強いひざしをさけるのに都合がよく、保温性にすぐれているといった地下の利点がいかされています。

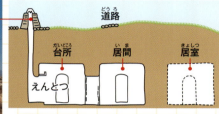

スペインのどうくつ住居、アンダルシア地方のクエバス
8世紀前半からイスラム勢力によって支配されてきたイベリア半島を奪回しようと、イスラム勢力を排除するキリスト教勢力のうごきが、11世紀から激化。イスラム教徒たちは山岳地帯ににげ、山の壁面にクエバスをつくった。クエバスとは「どうくつ」や「ほらあな」のこと。写真のクエバスの屋根にあたる部分は、一般の道路。道路のわきには、えんとつの上部が出ている。

チュニジアの都市マトマタでみられる穴居生活
マトマタの地下住居は、地面から約10mほどほりさげたところに中庭をつくり、その側面にいくつものあなをほって個室を配置。ベルベル人が、侵攻してきたアラブ人から身を守るために建設した。現在はホテルになっている。映画『スター・ウォーズ』の撮影場所としてつかわれたことでも有名だ。

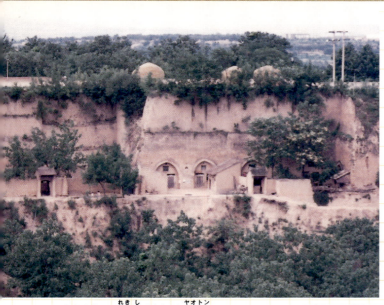

4000年の歴史がある窰洞

窰洞は、中国の標高1000mをこえる黄土高原にあるどうくつ住居のこと。ここでは四角いあなをほって中庭をつくり、そこから横あなをほって部屋をつくったり、山のがけを利用して横あなをほって部屋をつくったりした。建築材料となる樹木が育たないため、地面をほりさげて地下住居がつくられた。

オーストラリアの地中住居クーバー・ペディ

オーストラリア南部の砂漠地帯クーバー・ペディは、オパールの世界最大の産地。そこの鉱夫たちは丘の横にほったどうくつに住み、地下の坑道ではたらいている。気温が50℃以上になる砂漠地帯でも、地下は24℃、湿度20％ほどだ。地下には学校や教会、ホテルなども建てられていて、いまでは人気の観光地となっている。

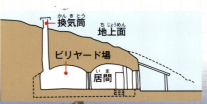

提供：工学博士　稲葉一八

5 下水道もあった古代都市

古代ローマでは、巨大な地下水路（→P14）を建設する一方で、下水道網の整備もおこなわれていました。

地下式の近代下水道

古代ローマでは、地下水路で公衆浴場や噴水、宮殿や一部の金持ちの家に水が供給されたあと、汚水が下水道に流れこむというしくみでした。当時、水道にじゃぐちはなく、水は流れっぱなしでした。あまった水は下水道へ。汚水も下水道をとおって川に流しました。雨水も下水道をとおって排水されました。糞尿も市内に設置された多くの公衆トイレや個人の家いえから下水道を通じて川へと流されました。

クロアカ・マキシマの排水口
クロアカ・マキシマ（大下水道という意味）は、古代ローマにおける最大の下水システム。現代も雨水溝としてつかわれている。
提供：ユニフォトプレス

まめちしき　水洗トイレの起源

便座があり、その素材にレンガや石をつかった腰かけ式の水洗型トイレは、いまから約4500年前にはすでにつかわれていたといわれています。また、4000年ほど前には、一般住宅にも同様の水洗トイレがあったことがわかっています。右の写真は紀元前11世紀ころに建設されたトルコのエフェソス都市遺跡の水洗トイレです。便座の下には、つねに水が流れ、汚水は下水道で川まで運ばれました。便座がいくつもとなりあっていて、公衆トイレは、社交の場だったといわれています。

これはびっくり！

下水道のはじまり

世界でもっとも古い下水道は、いまから**4000年以上前**の古代インドの都市（モヘンジョ・ダロ）でつくられていたといわれています。

■ **レンガでできた下水道**

古代インドの都市モヘンジョ・ダロでは、家いえに井戸、浴室、トイレなどの排水設備があり、これらの排水を集めて、川に流す下水道がつくられていたことがわかっています。この下水道のとちゅうには「下水だめ」があって汚物を沈殿させる役目をしていました。これは世界最古の下水処理施設だといわれています。

下水を流していたみぞ
それぞれの家の前の道路には、雨水の排除もかねたみぞがほられていて、各家のトイレと浴室に接続されていた。

下水道のふた
下水道にはレンガ製のふたがかけられていて、地中にうめられた水路のようになっていた。

レンガ製のふた

サン・セバスティアーノ聖堂のカタコンベ

カタコンベはもともと、イタリアにあるサン・セバスティアーノ聖堂の埋葬場所のことを意味していた。地下4階で、通路は全長12kmある。大規模なカタコンベだと地下5層、全長20kmをこえるものもある。
提供：ユニフォトプレス

6 地下の巨大迷宮、カタコンベとは？

「カタコンベ」とは、2世紀ころから5世紀はじめにかけてつくられたキリスト教徒のお墓につかわれた、ほらあなや地下のどうくつのことです。

イタリアの首都ローマにあるカタコンベ

現在、ローマ市にはカタコンベが大小あわせて約60か所あります。古代ローマ時代、初期キリスト教徒たちは、死者をほうむる場所として地下をえらびました。なぜなら地上のように高い地代（使用料）をはらわなくてすんだからです。

墓を市内につくることが禁じられていたので、ローマの城壁を出たばかりのところに地下トンネルをほり、通路の両わきにたくさんのあなをあけ、遺体を収容しました。

地下通路は、地下2階、3階というようにほりすすめられました。また、キリスト教が迫害を受けた時代には、カタコンベをかくれ家として、信仰を守りつづけたのです。キリスト教が公認されるころには、カタコンベはすでに埋葬の場ではなく、信仰の崇敬の対象となっていきました。

フランスの首都パリにあるカタコンベ

パリの地下には、全長約300kmにおよぶ地下納骨堂があります。市営の納骨堂ですが、古代ローマの地下墓地にちなんで、カタコンベ（フランス語ではカタコンブと発音）という名がつけられています。
18世紀が終わるころ、パリ市内では人口が急激にふえたため死者をほうむる墓を地上につくる土地がなくなってしまいました。
急激にふえた無縁墓地では、何層にもつまれた死体が腐敗し、衛生面で大きな問題となりました。そこでかつて石の採掘場だった場所を共同墓地にして、無縁墓地から遺体を移動しました（いまでは約600万人分の遺骨がおさめられている）。

パリの地下納骨堂「カタコンブ・ド・パリ」を案内する地図。1857年版。

地図の凡例。部屋におさめられているもの、壁にはめこまれているだけのものなど、遺骨の収納方法が色ごとでわかるようになっている。

この地下納骨堂の説明。

パリのカタコンベの一部は一般公開され、19世紀はじめからは、観光名所となっていた。

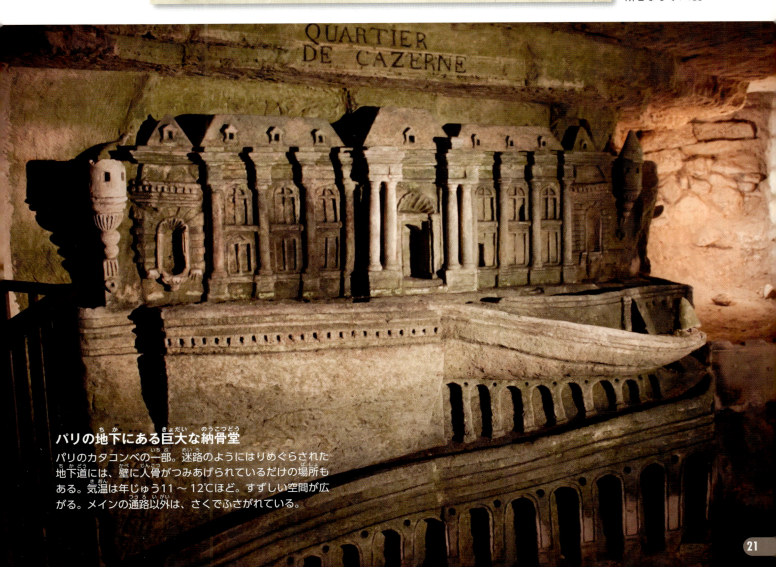

パリの地下にある巨大な納骨堂
パリのカタコンベの一部。迷路のようにはりめぐらされた地下道には、壁に人骨がつみあげられているだけの場所もある。気温は年じゅう11〜12℃ほど。すずしい空間が広がる。メインの通路以外は、さくでふさがれている。

7 下水道がふたたび注目されたのは？

ローマ帝国の滅亡後、中世ヨーロッパの都市では下水道の発達がみられませんでした。長い時間をへて19世紀半ば、コレラの大流行で下水道がふたたび注目されました。

都市衛生の暗黒時代

古代ローマ帝国数百年のあいだに建設された地下の水路と下水道は、ローマ帝国の滅亡とともにつかわれなくなりました。

中世にはいると、都市人口は急激に増加。住宅がどんどん建てられますが、下水道はありませんでした。汚物は、ためておいて、道路上や道路わきの汚水溝に流されました。そのため、都市の衛生状態は、どんどん悪化。伝染病が流行するようになりました。しかし、下水道施設の本格的な整備はおこなわれませんでした。

18世紀半ばから19世紀にかけておこった産業革命以後、都市に人びとが集中しはじめると、道路などでは、なげすてられる糞尿や汚水が急増。汚染が進み、衛生状態は深刻な状況になりました。世界各地でコレラなどの伝染病が大流行。多くの人が死にました。

いまでもヨーロッパの石畳の道には、中央にみぞがある。かつてはこのみぞに汚物などが流され、川に流れこんでいた。

産業革命や人口増加により、イギリスのロンドンを流れるテムズ川がひどく汚染されてしまったことを風刺した絵。この絵のタイトルは、「モンスタースープ」。提供：ユニフォトプレス

パリの下水道
フランスのパリに円天井の下水道ができたのはペストが大流行したあとの1370年代ころだといわれている。写真は、パリにある下水道博物館でみられる下水道。
提供：ユニフォトプレス

伝染病と都市衛生とのたたかい

はじめて水道（上水道）と下水道を整備した都市は、コレラが大流行して約2万人が死んだイギリスのロンドンでした。1856年に下水道工事がはじまり、1895年にほぼ完成。その後、ヨーロッパ各地やアメリカでも下水道がつくられました。

しかし、当時の下水道は糞尿や汚水をただ集めて、川や湖などへ流すというものでした。現代のような下水処理場がある下水システムができたのは、1914年でした。イギリスがその基礎をつくりました。

まめちしき　小説「レ・ミゼラブル」と下水道

1862年、フランスの文豪ヴィクトル・ユゴーが書いた小説「レ・ミゼラブル」には、主人公のジャン・バルジャンが、パリの地下に迷宮のようにはりめぐらされた下水道のなかをにげる場面があります。実際、物語当時の1832年には、パリの下水道は全長226kmにおよび、しかも犯罪者たちのかくれ家でもありました。小説には、主人公の逃避行描写のなか、作者の下水道に関する考え方が書かれています。

『レ・ミゼラブル（上）』（岩波少年文庫）
ユーゴー作／豊島与志雄 編訳

いまものこる日本の歴史的下水道

日本初の下水を流す施設は、弥生時代（約2300年前）の大きな集落にそのあとをみることができます。奈良時代（約1300年前）には雨水の排水路が都にはりめぐらされました。100年以上前に建設された下水道のなかには、いまも現役でかつやくしているものもあります。

豊臣秀吉が整備した「太閤下水」（大阪府大阪市①）

大坂城を建てた豊臣秀吉が1583年、城下町から排出される下水を流すために下水溝をつくった。これは、太閤秀吉にちなんで「太閤下水」ともよばれている。当時は天井にふたはなく、みぞのままつかわれていた。

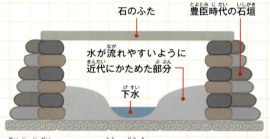

明治時代に、みぞの上に道路をとおすための石のふたがとりつけられた。太閤下水の一部は、いまでもつかわれている。

提供：大阪市建設局

「仙台市レンガ下水道」（宮城県仙台市②）

この下水道は、仙台藩祖・伊達政宗の時代からきずかれた城下町の排水路「四ッ谷用水」がはじまりといわれている。明治時代、水路に排水が停滞するようになり、衛生環境が悪化したため、市域全体を対象に整備がおこなわれた。その後100年以上をへた現在でも、健全な状態でつかわれている。

まめちしき レンガづくり下水道のかたち

深さ、勾配、流量などのちがいでつかいわけられています。

矩形
おもに雨水を流す管に用いられ、川や海へそのまま放流される。

卵形
少ない勾配で流速が保てるので、固形物などもいっしょに流せる。

馬蹄形
人が入れるほどの高さがあり、修理がしやすい。じょうぶでもある。

撮影協力：横浜市環境創造局

撮影：白汚零

日本初で現役選手の「神田下水」（東京都千代田区❸）

「神田下水」は1884年、日本人の手による初のヨーロッパ式近代下水道として建設された。明治時代、大雨による浸水や、低地にたまった汚水などが原因でコレラが流行。そのため、大都市では下水道の建築が強くもとめられた。現在つかわれている下水道管は鉄筋コンクリート製やプラスチック製がほとんどだが、この下水道管はレンガづくりで、一部は現在もむかしのままでつかわれている。

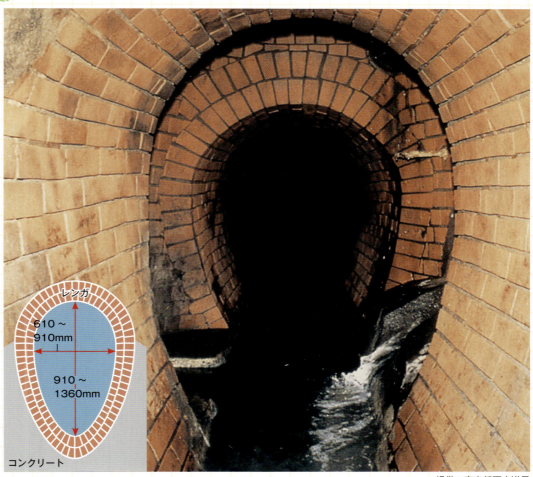

レンガ
610～910mm
910～1360mm
コンクリート

提供：東京都下水道局

撮影協力：横浜市環境創造局

近代下水道のさきがけ「大下水」（神奈川県横浜市❹）

大下水は、明治10年代に外国人居留地でつくられたレンガ製の下水管のこと。当時はこの大下水などで居留地の下水を集めて海に放流していた。卵形の下水管は、大きいものから大下水、中下水、小下水といわれている。

レンガづくり卵形管構造図（単位：尺） ※1尺＝約303mm

大下水
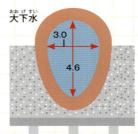
3.0
4.6

中下水
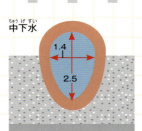
1.4
2.5

小下水
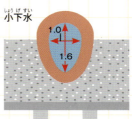
1.0
1.6

8 道路の下をとおる運河用トンネル

1825年、フランスのパリに陸地をほってつくられた人工的な水路が開通。運河は、ヨーロッパでは、ローマ時代から重要な交通手段としておおいに利用されていました。

大通りの地下をゆくサン・マルタン運河

フランスのパリ市内にあるサン・マルタン運河。全長4.55kmの4割が大通りの地下部分をとおる「地下運河（1853m）」となっている。換気用に数メートルおきに天井にあけられた天窓から光がさしこむ。現在は、観光用としてつかわれている。提供：ユニフォトプレス

舟をとおす運河の地下トンネル

物の移動が活発になり、舟による運送が重要視されると、運河の建設がどんどんさかんになりました。18世紀～19世紀にかけては、フランスやイギリスを中心に、多くの運河用のトンネルもつくられました。しかし、速く大量に物資を運ぶことができる鉄道が急速に発展すると、運河にかわり、鉄道による輸送が普及していきました。

これはびっくり！ 世界最古のまぼろしの地下トンネル

交通路としての世界最古の地下トンネルは、いまから約3700年前の古バビロニア（現在のイラク）の首都バビロンにつくられた、ユーフラテス川の水底トンネルだといわれています。しかし、その痕跡はなぜかまだ発見されていません。

■ 川底の下をくぐる

バビロンの水底トンネルは、王宮と神殿をつなぐ歩行者用の通路として、ユーフラテス川の水底に設けられました。

その工法は、川を一時的にせきとめて（迂回させて）川底を露出させ、そこに川を横切るみぞをほり、レンガとアスファルトでかためて幅4.6m、高さ3.7mのトンネルをつくったあと、川の流れをもとにもどすというものでした。

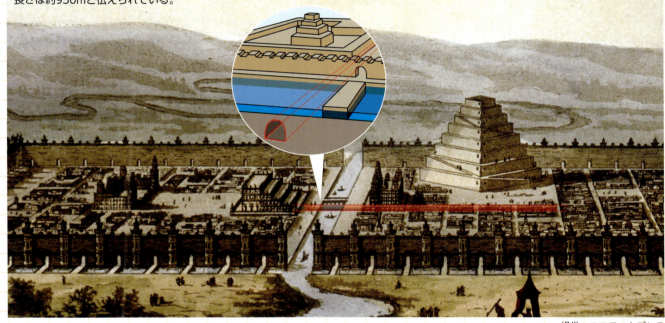

ユーフラテス川の水底トンネル（想像図）
長さは約950mと伝えられている。

提供：ユニフォトプレス

まめちしき　日本初の鉄道トンネルも水底トンネル

1870（明治3）年、大阪〜神戸間で鉄道建設が開始されました。六甲山のふもとには天井川（まわりの平野より高いところを流れている川）があり、鉄道は川底の下をくぐらなければなりません。そのため、いったん川の流れを別の場所にうつし、トンネルをほってから川をもとにもどし、石屋川トンネル、芦屋川トンネル、住吉川トンネルの3本をつくりました。これらは、大正時代に改築されたので、現在はありません。

川の下につくられた石屋川トンネル。
土木学会HPより

地下鉄を走る蒸気機関車
2013年、ロンドンの地下鉄開通150周年記念行事のひとつとして、開業当初にロンドンのパディントン駅からファリンドン駅まで走ったのとおなじように、蒸気機関車と木製の客車を走らせた。提供：ユニフォトプレス

9 世界初の地下鉄は、イギリス・ロンドン

1863年、イギリスのロンドンの中心部に地下鉄が登場しました。当時は蒸気機関車が走っていたため、駅の構内は、けむりやすすで息苦しくなっていたといいます。

なぜ地下に鉄道を走らせた？

当時のロンドンは、道幅がせまく、歩行者と馬車で混雑していて、市内の街路に鉄道の線路をしくことはできませんでした。そのため、地下鉄が建設されたのです。地上の景観をたいせつにしたいというのも、鉄道を地下化した理由のひとつでした。1863年1月10日、最初に開業したのはメトロポリタン鉄道です。現在でも地下鉄を「メトロ」ということもあるのは、この鉄道会社の名前からきています。

大都市に誕生した地下鉄

　その後、19世紀末から20世紀初頭にかけて、各都市で地下鉄がつくられていきました。右の表は、地下鉄の開通年とそれぞれの都市の人口規模です。大都市における人の流れは、地下鉄の発達と密接な関係にありました。日本にはじめて地下鉄が開通したのは、1927年12月30日、東京の浅草から上野間です。

世界の都市別　地下鉄開通年くらべ（土木史研究第10号より）

国名	都市名	開通年	都市規模（人口）
①イギリス	ロンドン	1863年	500万人以上
②ハンガリー	ブダペスト	1896年	100万人以上
③イギリス	グラスゴー	1897年	100万人以上
④アメリカ	ボストン	1898年	200万人以上
⑤フランス	パリ	1900年	500万人以上
⑥ドイツ	ベルリン	1902年	300万人以上
⑦アメリカ	ニューヨーク	1904年	500万人以上
⑧アメリカ	フィラデルフィア	1907年	200万人以上
⑨ドイツ	ハンブルク	1912年	200万人以上
⑩スペイン	マドリッド	1919年	200万人以上
⑭日本	東京	1927年	500万人以上

パリの地下鉄工事
フランスでは1900年のパリ万国博覧会の開催にあわせ、メトロ・ド・パリが開業。地中深くにトンネルをほりすすめていったロンドンの地下鉄に対し、パリは地表からほって線路をしき、天井をつける工法をもちいた。提供：ユニフォトプレス

まめちしき　地下鉄のヒントは「テムズ川トンネル」

ロンドンの地下にはじめて通路がほられたのは、地下鉄が最初ではありません。1843年、ロンドンのテムズ川の底に歩行者用道路として横断トンネルがほられました。このテムズ川トンネルが、ロンドンの市内に、地下鉄をつくるヒントになったといわれています。

ロンドンの地下鉄がとおる、現在のテムズ川トンネル。土木学会HPより

これはびっくり！ 地下の資源をほるトンネル

人類は、金や銀、銅や鉄、石炭、石材など、自分たちに役立つ資源を地下にみつけ、みずからの手でほりだしました。日本にも、そうした採掘場跡が各地でみられます。

石見銀山（島根県大田市❶）

石見銀山は、島根県の大田市大森町にある日本最大の銀山。戦国時代後期から江戸時代前期にかけて、世界の銀の約3分の1を産出したともいわれている。1923（大正12）年に閉山されたが、銀をとるためにほられたトンネル（「間歩」とよばれている）がたくさんのこっている。2007年、「石見銀山遺跡とその文化的景観」の名で世界遺産（文化遺産）に登録された。

石見銀山でいまものこっている間歩のなかでも代表的な「龍源寺間歩」。全長約600mの一部を実際に見学できる。

銀山のなかのようす

出典：銀山絵巻（中村俊郎所蔵）

不要な石を運びだす

鉱石を採掘するときには銀をふくまない不要な石なども大量にほりだされる。それをふくろに入れて、外に運びだす。

空気を循環させる

坑道は空気の循環がわるく、採掘時に出る石の粉をすいこむ危険もある。「とうみ」という機械で風を送り、空気を循環させる。

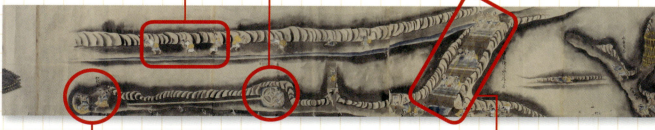

鉱石をほる
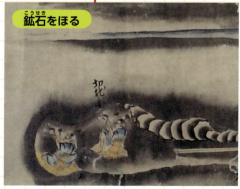

鉱石を採掘する場所を「切り場」という。ほりだし作業は昼夜2交代制でおこなった。

地下水をくみだす

木や竹でつくられた「水ふいご」というポンプをつかって、坑内にわきでてくる地下水を処理しているところ。

大谷石採掘場（栃木県宇都宮市❷）

宇都宮市大谷町周辺の地下50〜100mには、広大な採掘場が1970年代には約250か所もあった。ここで採掘される「大谷石」は古くから家の石垣や階段などに利用されてきた。いまではほとんどの採掘場はとじられ、のこっているのは数か所のみ。写真は大谷資料館で公開されている採掘場跡地。地下30mにある跡地は、野球場がひとつ入ってしまうほどの広さ。戦争中は地下の秘密工場として、戦後は政府米の貯蔵庫として利用された。いまでは、コンサートや美術展、演劇などのイベントにも利用されている。坑内の年間平均気温は8℃前後で、地下の大きな冷蔵庫といったところだ。

採掘の方法

平場ぼり①
大谷石採掘の初期のかたち。ほりやすいところを奥深くほっていく。

平場ぼり②
高いところから下にほっていく方法。

垣根ぼり①
平場ぼりでほりすすみ、きれいな石の層に出たところで垣根ぼり（横にほっていく方法）で進む。

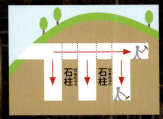

垣根ぼり②
山の中腹のきれいな石の層から垣根ぼりで横にほりすすみ、ある程度奥行きができたところで柱をのこしながら平場ぼりでほりさげていく。

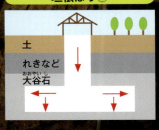

垣根ぼり③
地表が土などにおおわれ、石の層が地下深くにある場合は、まずたてあなをほりさげ、石の層に出たところで、垣根ぼりで横にほりすすみ、採掘場ができると、平場ぼりでほりさげていく。

提供：大谷石資料館

さくいん

あ行
芦屋川トンネル …………… 27
アンカラ …………………… 12
石屋川トンネル …………… 27
石見銀山 …………………… 30
ヴィルゴ水道 ……………… 15
ウチヒサール ……………… 12
運河 ………………………… 26
エフェソス都市遺跡 ……… 18
大境洞窟住居跡 ……………… 9
大谷石採掘場 ……………… 31

か行
カイマクル地下都市 ……… 13
垣根ぼり …………………… 31
カタコンベ …………… 20、21
カタコンブ・ド・パリ …… 21
片樋マンボ ………………… 11
カッパドキア ……………… 12
カナート（地下水路）
 …………………………10、11
カラカラ浴場 ……………… 14
神田下水 …………………… 25
キリスト教 …………… 16、20
クーバー・ペティ ………… 17
クエバス …………………… 16
クロアカ・マキシマ ……… 18
下水道
 …… 2、5、18、19、22、23、
 24、25
公衆トイレ …………… 4、18
公衆浴場 ………… 1、14、15
古代インド ………………… 19
古代ペルシャ ……………… 10

古代ローマ
 ………… 1、14、18、20、21
コレラ ……………………… 22

さ行
サン・セバスティアーノ聖堂
 ……………………………… 20
サン・マルタン運河 ……… 26
水洗トイレ ………………… 18
水底トンネル ……………… 24
水道 ………………… 3、14、15、23
水道橋 ………………………3、5
住吉川トンネル …………… 27

た行
太閤下水 …………………… 24
たてあな式住居 ……………8、9
伊達政宗 …………………… 24
地下鉄 ………………… 28、29
テムズ川 ……………… 22、29
テルマエ …………………… 14
豊臣秀吉 …………………… 24
トレヴィの泉 ……………… 15

は行
バース ……………………… 14

バビロン …………………… 27
パリ …………… 21、23、26、29
バルネア …………………… 14
平場ぼり …………………… 31

ま行
マテーラ ……………………… 9
マトマタ …………………… 16
マンボ ……………………… 11
メトロ・ド・パリ ………… 29
メトロポリタン鉄道 ……… 28
モヘンジョ・ダロ ………… 19

や行
窰洞（ヤオトン） ………… 17
ユーフラテス川 …………… 27
横あな式住居 ………………8、9

ら行
ラスコーどうくつ ……………8
卵形管 ……………………… 25
龍源寺間歩 ………………… 30
レ・ミゼラブル …………… 23
ローマ …………… 14、15、20
ローマ水道 …………… 14、15
ロンドン …… 22、23、28、29

■ 監修／公益社団法人 土木学会 地下空間研究委員会
地下空間研究委員会は、土木学会に設置されている調査研究委員会の一つ。地下空間利用に伴う人間中心の視線に立ちながら、地下空間の利便性向上、防災への対応、長寿命化などを研究する新たな学問分野である"地下空間学"を創造し、世の中に広めるための活動をおこなっている。活動の範囲は、都市計画など土木工学の範囲に留まらず、建築、法律、医学、心理学、福祉、さらには芸術の分野におよぶ。
http://www.jsce-ousr.org/

■ 編集／こどもくらぶ（二宮祐子）
あそび・教育・福祉・国際分野で、毎年100タイトルほどの児童書を企画、編集している。

■ 企画・制作・デザイン／株式会社エヌ・アンド・エス企画
矢野瑛子

■ 参考資料
・『みんなが知りたい 地下の秘密』（地下空間普及研究会）ソフトバンク・クリエイティブ
・『絵で見る 下水道と下水処理の歴史』（申丘澈・佐藤和明 共著）技法堂出版

■ ホームページ
・「ものしり博士のドボク教室」土木学会
  http://www.jsce.or.jp/contents/hakase/index.html
・「世界の地下住居めぐり」稲葉一八
  http://www005.upp.so-net.ne.jp/ina1818/
・「海外における下水道の歴史」国土交通省
  http://www.mlit.go.jp/crd/sewerage/rekishi/04.html
・「下水道の歴史」東京都下水道局
  http://www.gesui.metro.tokyo.jp/kids/history/history.htm
・「スイスイランド」日本下水道協会
  http://www.jswa.jp/suisuiland/1-4.html

この本の情報は、特に明記されているもの以外は、2014年9月現在のものです。

■ 絵
松島浩一郎

■ 写真協力（敬称略）
伊藤清忠／稲葉一八
白汚零／中村俊郎
岩手県一戸町御所野縄文博物館／岩波書店
大阪市建設局／大谷石資料館
国連環境計画国際環境技術センター
仙台市建設局
東京都下水道局／土木学会
土木図書館
トルコ共和国大使館・文化広報参事官室
富山県氷見市観光協会
三重県いなべ市観光協会
ユニフォトプレス
横浜市環境創造局
© Francesco Bucchi/123RF
© gandhi/PIXTA
© Sonia Lu/123RF
© South East/PIXTA
© wonderland/PIXTA
© Özgür Güvenç - Fotolia.com
© Dmitry Zamorin/Dreamstime.com

大きな写真と絵でみる 地下のひみつ ①人類の地下活用の歴史　NDC510

2014年11月30日　初版発行

監　修　公益社団法人 土木学会 地下空間研究委員会
発行者　山浦真一
発行所　株式会社あすなろ書房　〒162-0041 東京都新宿区早稲田鶴巻町551-4
　　　　電話　03-3203-3350（代表）
印刷所　凸版印刷株式会社
製本所　凸版印刷株式会社

©2014 Kodomo Kurabu
Printed in Japan

32p／31cm
ISBN978-4-7515-2781-8